探索 发现

世界星空地图

[西]玛莉亚·玛聂鲁/编　西班牙利卜萨出版社/图　冯珣/译

江西美术出版社
全国百佳出版单位

图书在版编目（CIP）数据

世界星空地图 /（西）玛莉亚·玛聂鲁编 ；西班牙
利卜萨出版社图 ；冯珣译 . -- 南昌：江西美术出版社，
2021.8
（探索发现）
ISBN 978-7-5480-7943-9

Ⅰ．①世… Ⅱ．①玛… ②西… ③冯… Ⅲ．①天文学
—儿童读物 Ⅳ．①P1-49

中国版本图书馆 CIP 数据核字（2020）第 261234 号

版权合同登记号 14-2020-0164

Descubre El Mundo
Descubre el cielo del mundo
© 2019, Editorial Libsa
Simplified Chinese copyright © 2021 by Beijing Balala Culture Develo-
pment Co., Ltd.
The simplified Chinese translation rights arranged through Rightol Media
（本书中文简体版权经由锐拓传媒旗下小锐取得Email:copyright@
rightol.com）

探索发现·**世界星空地图**

TANSUO FAXIAN · SHIJIE XINGKONG DITU

[西]玛莉亚·玛聂鲁/编

西班牙利卜萨出版社/图　　冯珣/译

出品人：周建森	出　版：江西美术出版社	印　刷：北京宝丰印刷有限公司
企　划：北京江美长风文化传播有限公司	地　址：江西省南昌市子安路 66 号	版　次：2021 年 8 月第 1 版
策　划：巴拉拉	网　址：www.jxfinearts.com	印　次：2021 年 8 月第 1 次印刷
责任编辑：楚天顺 朱鲁巍	电子信箱：jxms163@163.com	开　本：889mm×1194mm 1/16
特约编辑：石 颖 王 毅	电　话：0791-86566274 010-82093785	印　张：4
美术编辑：冯英翠	发　行：010-64926438	ISBN 978-7-5480-7943-9
责任印制：谭 勋	邮　编：330025	定　价：48.00 元
	经　销：全国新华书店	

多么辽阔！

炎热的夜晚，你肯定时常躺在草地上遥望夜空。如果城市的灯火离你足够远，你一定会看到许许多多颗为你闪烁的星星。星空也许是这个世界上最美丽的景观之一，也是人类自诞生以来一直仰望的奇妙景观。

你知道吗？星座是由一群星星构成的。从遥远的古代开始，人们就发挥想象，用线条把星星连接成夜空中奇妙的图案。就这样，充满神话角色的夜晚就开始了。人们把星星组成星座并不只是为了好看，星座是有实际用途的：星座为水手们指明方向，农民依靠星座掌握四季变化，种植农作物。

天空中一共有88个星座。在本书中，你会见到其中最重要和最有趣的 25 个。

注意啦！

为了找到所有星座的位置，你需要在这本书中来回翻阅，而且在仰望星空时要聚精会神，因为星座的位置都是互相关联的。需要的时候，不要忘了回来查阅每个半球的星座地图。

我们在天空中

让 我们为你展示一下我们的家园：银河系。这是我们所在的星系的名字，它是螺旋形的，仿佛一团巨大的旋风，这个星系中有大约2000亿颗星星。在这些星体中，我们最关注的是太阳，因为它给予我们赖以生存的阳光和热量。

我 们所居住的星球——地球，位于银河系的"郊区"，所以当我们观察夜空时，经常能看到一团巨大的星云，那就是银河系。为了让你更好地理解我们相对于宇宙来说，到底有多渺小，你可以这样想：银河系只是宇宙中存在的上亿个星系中的一个。

银河系

为了更好地理解不同星座的位置，我们可以把地球想象成一个从中间切成两半的巨大的橘子。刀割开的位置就是赤道，它把我们的橘子分成两半：北半球（上面的一半）和南半球（下面的一半）。这两个半球能观测到不同的星座。也有的星座恰好位于橘子中间的位置，我们把它们称为"赤道带星座"。

能看到什么？

月亮和月相

　　地球有一个卫星；也就是说，有一个天体在绕着地球旋转，它的名字叫作月亮。不过我们在地球上看到的月亮不总是同一个模样的：有的时候我们能看到月亮，有的时候看不到；有的时候月亮是C形的，有的时候是D形的；有时候月亮看起来很大，有时候看起来很小……多么神秘！随着月亮的运动，它会以不同的角度反射太阳光，所以月亮经常看起来不一样，那就是不同的月相。事实证明，这些月相在南半球和北半球看起来是相反的：

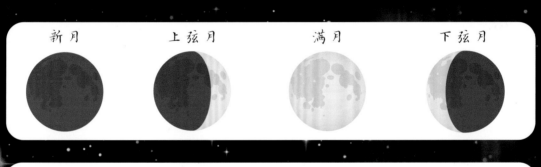

从北半球看到的月亮　新月　上弦月　满月　下弦月

从南半球看到的月亮　新月　上弦月　满月　下弦月

新月： 此时月亮位于太阳和地球之间，被太阳照亮的那一面背对着地球，所以，虽然月亮就在那里，我们却看不到它。

上弦月： 月亮面朝地球的那一面逐渐被太阳照亮，所以我们看到月亮在长大。

满月： 此月亮面朝地球的那一面已经完全被太阳照亮了，所以我们能看到它圆圆的全貌。

下弦月： 月亮的另一面被太阳照亮，它看起来越来越小。

北半球
北天

北天是我们在赤道以北的半球（也叫作北半球）看到的天空。为了更容易理解，我们在下方为你准备了一个世界各个区域的简略图以及一年四季的星空分布图（在下一页）。星座永远处于相同的位置，但并不是从世界哪个地方都能看到，有的星座从北半球能看到，有的星座从南半球能看到。因此，本书也按此对星座进行分类。

什么是拱极星座?

"拱极"这个词意思是围绕着天极。以北半球为例，拱极星座就围绕着北天极旋转。拱极星座全年都能被观测到，视觉上它们像在围绕天极旋转，不会被地平线遮住。接下来我们还会看到，南半球也有它的拱极星座。

如果你生活或身处于地图中的阴影区域，你能更好地观测到北半球的星座。

北半球

1. 北美洲
2. 南美洲北部
3. 北极
4. 欧洲

5. 亚洲
6. 非洲北部和
   非洲西部
7. 大洋洲北部

赤道

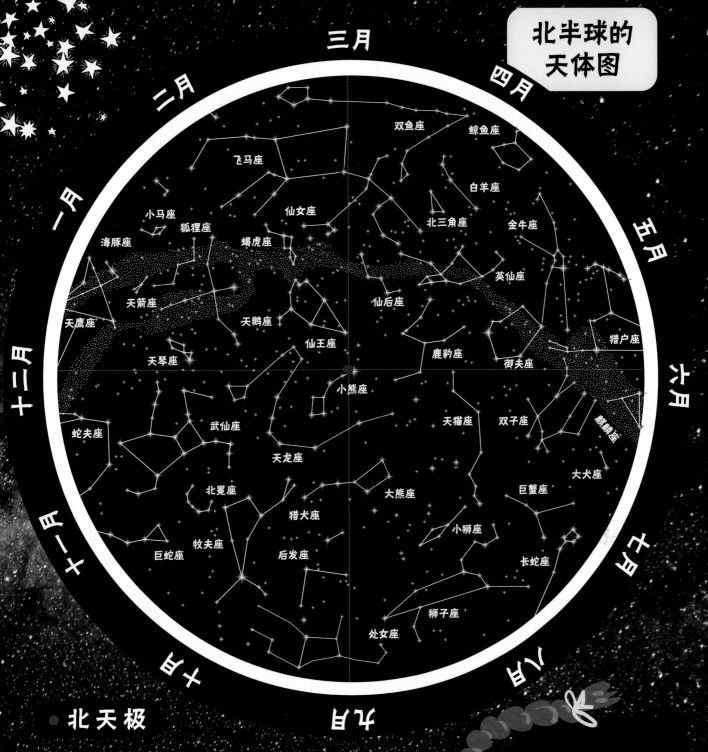

北半球的天体图

三月

二月

四月

一月

五月

十二月

六月

十一月

七月

十月

八月

九月

北天极

双鱼座
鲸鱼座
飞马座
白羊座
仙女座
北三角座
小马座
金牛座
狐狸座
蝎虎座
海豚座
英仙座
仙后座
天箭座
仙王座
天鹅座
鹿豹座
天鹰座
猎户座
天琴座
御夫座
小熊座
麒麟座
蛇夫座
天猫座
双子座
武仙座
天龙座
大犬座
北冕座
大熊座
巨蟹座
猎犬座
小狮座
牧夫座
巨蛇座
后发座
长蛇座
狮子座
处女座

四季

春季	3 - 5 月
夏季	6 - 8 月
秋季	9 - 11 月
冬季	12 - 2 月

你一定要多查阅这张天体图，它会给你提供参考。现在请你找出用黄色线条标出的星座。

7

大熊座

它在哪里？
大熊座位于北天球，距离北天极很近。

它的别称
大熊座也被叫作帝车、杓或者勺子。

我们何时能看到它？
从北半球观测： 大熊座是拱极星座，全年都能观测到。在春天和夏天的月份，大熊座在空中的位置最高，而到了秋季和冬季，它在天空中的位置偏低。

从南半球观测： 无法看到。

主星数目：
 7

传说

无所不能的天神宙斯爱上了常常在阿卡迪亚的丛林中狩猎的仙女卡利斯托。但是宙斯那时已经娶了赫拉为妻，善妒的赫拉决定惩罚可怜的卡利斯托，把她变成了一头熊，令她余生独自漂泊游荡。

卡利斯托和宙斯生下了一个儿子，取名为阿卡斯。就像他妈妈一样，阿卡斯成长为一个优秀的猎人。有一天下午，他遇到了一头大熊（其实是他的妈妈卡利斯托），准备要射杀它。箭飞出去，就在要射入熊的心脏的那一刻，天神宙斯出现并救了大熊。宙斯告诉阿卡斯，他的母亲是怎样被变成熊的。

为了让卡利斯托的儿子时常能见到母亲，宙斯把卡利斯托送上了无垠的天空，在繁星中绘出了大熊星座。

寻找北极星

北极星是在北半球能观测到的最醒目的星星，它距离地轴的北端最近。它的主要用途是指北，在帮助确定位置方面十分有用。不要迷路哦！

北极星

在南半球的大部分地方都看不到北极星！

3月4日
大熊座最明亮

怎么找到这个星座？

1. 离开城市到乡村去。大熊星座是整夜围绕北极星旋转的星座之一，它不会降落到地平线之下。

2. 朝天空的北部望去，你会看到一颗格外明亮的星星，那就是北极星。

3. 沿着北极星画一条线，你就能找到大熊星座的第一颗星。从这颗星开始勾画出勺头和勺柄，大熊星座就会显现出来。

小熊座

它在哪里？
靠近北天极。

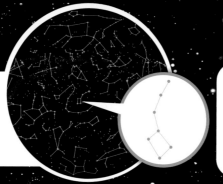

小熊座和大熊座名字相似
因为它的形状也类似车或勺子的形状，只是小一些。

主星数目：
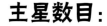

7

我们何时能看到它？
从北半球观测： 它是一个拱极星座，所以全年都能观测到，它的位置和大熊座遥遥相对。它在冬天日出之前和春天的夜晚最容易找到。

从南半球观测： 无法看到。

传说

在一个古老的英国故事里，曾经有一个女孩，她和生病的母亲一起生活。天气干旱雨水稀少，河流干涸了，女孩手里拿着一个大的铜制水盂出发去深山中为她妈妈寻找水源。

在回家的路上，她遇到一只快要渴死的小狗，心地善良的女孩从铜制水盂中倒了一点水在手里给小狗喝。这时，铜制水盂仿佛被施了魔法一样，变成了银制水盂。女孩继续往前走，她遇到一个路人，向她讨水喝。小女孩把水给了路人之后，银制水盂忽然装满了钻石。回到家，小女孩把水盂里剩下的水给生病的母亲喝下，由于一路上慷慨施水，她自己已经没有水可喝了，所以她把水盂放在院子里的地面上。

她放水盂的地方涌出一股清泉，水盂里的钻石升到空中，组成小熊座的水盂形状，永远星光闪烁。

5月3日
小熊座最明亮

北极星

怎么找到这个星座？

1. 首先一定要去没有人造灯光的地方，最好是去乡村。先找到大熊座。
2. 现在大熊座已经在你的视线范围内了，对吗？在大熊座的第一颗星和第二颗星之间画一条想象中的线条，直到它与北极星交汇，你可以复习一下大熊座的位置。
3. 北极星就位于小熊座的勺柄末端，接下来你可以沿着这个末端找出这个星座其余的星星，勺柄上还有两颗星，另外的四颗共同构成了勺头，你找到这个星座了吗？

小熊座是大熊座的妹妹！

小熊座包含北极星！

你记得吗？寻找大熊座，需要画一条连通北极星的线条？小熊座位于大熊座的上方，它的七颗星星中，勺柄末端的那颗是北极星，勺柄的方向永远指向北天极。

仙后座

它在哪里?

在北天极附近。

它的别称

仙后座也被叫作"M"星座或"W"星座（从不同角度看到的形状），它看起来也很像椅子、摇椅或者宝座。

传说

埃塞俄比亚国王克甫斯和王后卡西欧佩亚有一个貌美如花的女儿，取名为安德洛墨达。有一天，王后鲁莽地把自己女儿的美貌与海中仙女相比。海神波塞冬极其恼怒，命令可怕的怪物刻托前去袭击这个王国。拯救这个国家的唯一办法就是牺牲貌美的安德洛墨达。因此这位公主被绑到一块岩石上，准备让刻托吞食下肚。这时英雄珀尔修斯出现了，他同怪物搏斗，拯救了安德洛墨达。

作为惩罚，波塞冬把狂妄自大的卡西欧佩亚放到了天空中，有时候呈M形，有时候呈W形。

我们何时能看到它?

从北半球观测：它是一个拱极星座，所以全年都能观测到。在秋天最容易观测，它呈M形；到了春天它看起来是W形。

从南半球观测：看不到。

主星数目:

★★★★★ **5**

坐在椅子上的王后

有人觉得卡西欧佩亚王后是被捆在她的宝座上的，虚荣的后果是有时她不得不头朝下坐着。你们不觉得这个姿态对一位王后来说太不合适了吗？

从侧面看它像一个数字3！

10月7日
仙后座最明亮

怎么找到这个星座？

1. 像以往一样，找一个乡间灯光昏暗的地方。首先找出大熊座和小熊座。
2. 请记住，大熊星座和小熊星座与北极星有关。从北极星朝着大熊座相反的方向画一条想象中的直线，我们就会遇到仙后星座的第一颗星。
3. 从这颗星开始，我们能轻松地观测出整个仙后座。

仙女座

它在哪里？

仙女座距离仙后座非常近。你知道的，仙后是仙女的母亲。

它的别称

仙女座只有这一个名字，没有别称。

主星数目：

★★★★★★★★
★★★★★★★★
15

传说

这个传说是关于仙女座安德洛墨达和英雄珀尔修斯之间的爱情故事。在和威胁安德洛墨达的怪物搏斗之前，珀尔修斯已经因为杀死美杜莎而闻名，美杜莎的头发都是蛇组成的，她能把直视她眼睛的人变成石头。后来，珀尔修斯与安德洛墨达结婚时，发现她已经和一个王子订婚了，珀尔修斯不得不与这个王子及他的军队搏斗，并取得了胜利，毕竟，爱情能战胜一切阻碍。

据说，安德洛墨达去世后，雅典娜女神把她摆放在天空中，和她的母亲卡西欧佩亚（仙后座）、爱人珀尔修斯（英仙座）相邻。

我们何时能看到它？

从北半球观测：全年都能观测到这个星座，但是在秋天最明显。

从南半球观测：春天能观测到。

你知道吗？

在仙女座中有一个同名星系——仙女座星系。它位于该星座的右侧中部。

仙女座星系有超过一万亿颗星星！

10月3日
仙女座最明亮

怎么找到这个星座？

1. 首先，返回这本书前面的部分，找到定位仙后座的方法。

2. 从仙后座向下看，你会注意到仙女座的腿部正好在下方。

3. 把女性的身形勾勒出来后，你就能清晰地看到仙女座了。你可能会在仙女座和仙后座之间看到一团星云：那就是非常美丽的仙女座星系。

天龙座

它在哪里？

天龙座像一条蛟龙盘旋在大熊座和小熊座之间，距离北天极非常近。

我们何时能看到它？

从北半球观测：天龙座是一个拱极星座，全年都能观测到，春末夏初最容易观测到。

从南半球观测：看不到。

它的名字

天龙座的拉丁语名字是 Draco，就是龙的意思。

主星数目：

★ ★ ★ ★ ★ ★ ★
★ ★ ★ ★ ★ ★ ★

14

传说

天神宙斯和天后赫拉结婚时，大地之母盖亚送给宙斯和赫拉一份特别的结婚礼物：一棵金苹果树。赫拉将这棵树种在赫斯珀里得斯三姐妹的花园里，并委托她们照料。

那个时代已经有小偷这种人了，于是赫拉要找个守卫看守金苹果，守卫很重要，所以她选择了一条名为拉冬的龙来看守。赫拉心想，应该没有人敢挑衅这样一条龙。但是竟然有人敢，那就是勇猛的赫拉克勒斯，这位英雄通过了十二关最艰难的试炼，进入了花园，杀掉了拉冬，带走了金苹果。

赫拉发现死掉的拉冬，为了嘉奖拉冬以生命捍卫金苹果的忠诚，将它升上天空。拉冬在空中有时睡觉，有时望着我们。

这是一个巨大的星座！

虽然我们只用几颗星星勾勒出了天龙从头到尾的轮廓，但实际上天龙座流星雨每小时流量就会达到200多颗！听起来很惊人，是不是？

神话中的龙是蛇形的。

6月19日
天龙座最明亮

怎么找到这个星座？

1. 在初夏的北半球，首先找出大熊座和小熊座（在书前面的部分已经介绍过定位的方法）。
2. 找到这两个星座之后，找出两个星座之间的一串星星，那就是天龙的尾巴。
3. 沿着尾巴往上，你会看到这串连成波浪形的星星末端是一个四边形，那就是天龙的头部。

天鹅座

它在哪里?

天鹅座横穿银河。

它的别称

希腊人称天鹅为大鸟，阿拉伯人认为它是母鸡。现在我们也把天鹅座称为北十字座。

我们何时能看到它?

从北半球观测: 夏天的时候，很容易观测到。

从南半球观测: 在南半球的冬季能看到。

传说

天神宙斯非常多情。有一次，美丽的斯巴达王后勒达在河中沐浴，宙斯看到了，倾慕于她的美貌。宙斯知道如果自己以神的形象出现，勒达不会理会他，于是宙斯化身成一只天鹅接近勒达。就这样，过了一段时间，勒达有了宙斯的三个孩子——一对双胞胎兄弟卡斯托尔和波鲁克斯，还有一个女儿叫海伦。海伦美丽非凡，引发了希腊人和特洛伊人的战争，也就是特洛伊战争。

宙斯以天鹅形态出现在天空中，银河的星云让天鹅座看起来更加闪耀。

主星数目: ★★★★ 10
★★★★★★★

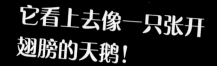

它看上去像一只张开翅膀的天鹅！

更多传说

　　天鹅座旁边的天琴座是关于阿波罗和缪斯女神卡利俄帕的儿子俄耳甫斯的，传说他弹奏的竖琴声能驯服野兽。他死去后，他的竖琴被升入星空变成了天琴座。

8月1日
天鹅座最明亮

怎么找到这个星座？

1. 夏天的夜晚，你可以去北半球的开阔地带，复习一下北极星的位置，然后集中注意力凝视夜空。

2. 你会看到一个白色的拱形横跨在夜空中。你可能以为那是几朵云彩，不是的，那是银河。

3. 找出银河星系被一分为二的地方，因为天鹅座就在那里。找出一个十字形或者张开翅膀的形状，那就是天鹅座！

双鱼座

它在哪里?

双鱼座位于飞马座下方(在北半球天体地图上把它找出来),距离白羊座很近。

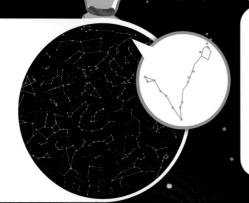

我们何时能看到它?

从北半球观测: 双鱼座的星光微弱,很难观测到,相对来说秋天比较容易看到。

从南半球观测: 在春天能观测到。

它的样子

像两条鱼。

主星数目:

★★★★★
★★★★★
★★★★

传说

爱与美的女神阿芙洛狄忒的儿子是厄洛斯,他是一个长着翅膀、向恋人们射箭的小天使。有一次,阿芙洛狄忒和厄洛斯被怪物提丰追赶。提丰可不是一般的怪物,它身形魁梧,站起身能够到天空,而且它还喜欢从嘴里喷火焰和熔岩,它扇动翅膀就能在四周制造飓风甚至是地震。

阿芙洛狄忒和儿子为了尽快逃离,变成了鱼,纵身跃入河中,河水那么浑浊,他们很容易失散。所以,阿芙洛狄忒用绳子把她和厄洛斯的脚拴在了一起游泳。

如果你仔细观察这个星座,你能清楚地看到那两条小鱼是连接在一起的……

如果你是在 2 月 19 日到 3 月 20 日出生的，你的星座就是双鱼座。

庞大却腼腆

双鱼座是一个巨大的星座，但是发出的光线微弱，难以辨别。低调的双鱼座中没有一颗星星是明亮的，所以你需要调动所有的想象力才能在夜空中把它描绘出来。

参考点

10 月 6 日
双鱼座最明亮

怎么找到这个星座？

1. 复习一下如何找出仙女座。在仙女座附近，找出飞马座的四边形（看一下北半球天体地图）。
2. 飞马座的四边形可以帮助我们找到双鱼座，因为恰好在下方能看到星星组成的V形。
3. 在这个V形中先找到两条鱼，它们距离很近，然后就会发现把它们连接在一起的绳子（参考点）。

白羊座

它在哪里？

白羊座在银河之外，它和仙女座是平行的。

它的别称

白羊座也被叫作牡羊座。

我们何时能看到它？

从北半球观测：在秋天能看到。
从南半球观测：在春天能看到。

主星数目：

⭐⭐⭐⭐ 4

传说

阿塔玛斯国王有两个孩子，弗里克索和赫勒。然而他新娶的妻子不喜欢原来王后所生的这两个孩子，她说服国王把两个孩子献祭给天神宙斯，换取王国未来多年的粮食丰收。

两个孩子被摆放在祭台上，突然天神赫尔墨斯派来一只有魔法的金毛羊，它把两个孩子驮到自己的背上。骑在羊背上的旅途中，赫勒掉进了大海（为了纪念她，这个地方被称为"赫勒斯滂"，也就是现在的达达尼尔海峡），幸运的是弗里克索得救了，他到达了黑海沿岸，他在那里把金毛羊献祭给宙斯表示感谢。

我们猜想，那只金毛羊死后升到了天空中，每个夜晚都待在那里。

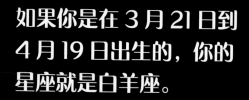

如果你是在 3 月 21 日到 4 月 19 日出生的，你的星座就是白羊座。

白羊座是黄道第一星座

当太阳进入这一星座时，白昼开始变长，黑夜开始缩短；因此人们认为这是太阳占据的第一个位置，是坐标的起点。

10 月 31 日
白羊座最明亮

怎么找到这个星座？

1. 首先找到仙女座。找到了吗？现在向下看，找出由星星组成的一个小三角形，那是北三角座。
2. 在北三角座下方，和仙女座平行的就是白羊座。
3. 找出和图中相符的星星，复原出整个星座，是不是很漂亮？

黄道星座

金牛座

它在哪里?

金牛座在白羊座和双子座之间。

我们何时能看到它?

从北半球观测:在秋天至春天能看到。
从南半球观测:看不到。

它的别称

金牛座也被叫作牡牛座。

主星数目: ★★★★★★★★★★★★★ 13

传说

这个星座的故事来自伊娥,她是一个极其美丽动人的少女,宙斯无可救药地爱上了她。但是这一次宙斯和伊娥在一起时被他的妻子赫拉撞见了,为了逃避她的妒火,宙斯把可怜的伊娥变成了一头白色的母牛。

善妒的赫拉没有被轻易蒙蔽,她让丈夫把这头母牛送给自己。赫拉命令一个长着一百只眼睛的巨人看守这头牛,但是宙斯把赫尔墨斯派去了。赫尔墨斯非常善于吹奏笛子,美妙的笛声催眠了巨人,然后赫尔墨斯把伊娥带走了。赫拉极为震怒,她又派一只牛虻一刻不停地叮咬可怜的母牛,母牛为了躲避而四处逃窜,足迹踏遍世界各地。

所以说,夜空中闪烁的金牛星座是头母牛,而不是公牛啦!

一只非常明亮的眼睛

金牛座的主星是毕宿五，那是一颗恰好位于金牛座想象中的牛眼位置的红巨星。一颗如此明亮的眼睛让它看起来有点吓人。

如果你是在 4 月 20 日到 5 月 20 日出生的，你的星座就是金牛座。

毕宿五

怎么找到这个星座？

1. 首先复习一下白羊座的位置，等你找到白羊座，我们再去定位金牛座。

2. 从白羊座的后半部分，在想象中向下画一条直线，直到和一颗非常明亮的星星交汇，那就是毕宿五。

3. 毕宿五是金牛的眼睛。沿着这个点勾画出牛的头部，再画出两只牛角。

11月24日
金牛座最明亮

双子座

它在哪里？

双子座在金牛座和巨蟹座之间，在猎户座上方。

它的样子

像一对双胞胎。

我们何时能看到它？

从北半球观测：在秋天和冬天能看到。
从南半球观测：在夏天能看到。

主星数目：

★★★★★★★★★
★★★★★★★★

17

如果你是在5月21日到6月21日出生的，你的星座就是双子座。

传说

你们还记得天鹅座吗？斯巴达王国的王后勒达生了一对双胞胎，孩子们的父亲是变成天鹅的天神宙斯。双胞胎兄弟名叫卡斯托尔和波鲁克斯，卡斯托尔以骑术著称，而波鲁克斯是专业的拳击手。

为了寻找金羊毛，兄弟二人和伊阿宋一起经历了伟大的冒险，有许多次，他们两人力挽狂澜，拯救了整条船上的人们的性命。

除了他们的胆识值得褒奖之外，兄弟俩总是团结一心，这也很值得称道。为了让他们能一直这样不分彼此，他们的父亲宙斯把他们俩一起摆放在了夜空中。

波鲁克斯（拳击手）
（双子座 β 星）

卡斯托尔（马术师）
（双子座 α 星）

头脑聪明

双子座两颗最明亮
的主星的名字和故事的
主人公相同——卡斯托
尔和波鲁克斯。从整个
星座来看，这两颗星是
双胞胎兄弟的头部。

1月8日
双子座最明亮

怎么找到这个星座？

1. 首先回忆一下如何定位大熊座。找到大熊座
   之后，看下面一条。
2. 从大熊座画一条对角线，然后在稍微偏
   下一点的位置找出两颗非常明亮的星
   星，那就是卡斯托尔和波鲁克斯。
3. 这两颗星星是双胞胎的头部，现在你
   想要勾勒出整个星座就不难了。

黄道星座

巨蟹座

它在哪里？

巨蟹座在双子座和狮子座之间。

它的样子

像一只螃蟹。

我们何时能看到它？

从北半球观测：全年都能观测到，但是很难看清，因为巨蟹座的星光很微弱，秋末至春天更容易看到。

从南半球观测：只有夏天和秋天能看到。

传说

接下来我们再讲一下赫拉克勒斯和他完成的十二项任务的故事。有一次，他要去猎杀九头蛇勒拿，那可是一个非常恐怖的怪兽，它身如蛇形，但是有很多个砍掉还能再生的脑袋，散发着毒气。

英雄赫拉克勒斯是天神宙斯的儿子之一，而天后赫拉不是他的母亲，因此赫拉对他心怀厌恶。赫拉克勒斯去猎杀九头蛇时，赫拉派一只螃蟹去钳他的脚部，让他分心。干扰的作用并不大，因为赫拉克勒斯一脚踩死了螃蟹，然后杀掉了九头蛇。

但是赫拉总是会嘉奖忠诚侍奉她的仆人，于是她把螃蟹永远地摆放在苍穹中。

主星数目： ★★★★★

5

28

星座连成 Y 的形状，为什么叫巨蟹座呢？

　　有趣的是，当太阳经过天空中这个区域时，我们会有一种它改变了方向的错觉，让人想到螃蟹著名的横行走法。

如果你是在 6 月 22 日到 7 月 22 日出生的，你的星座就是巨蟹座。

2 月 3 日
巨 蟹 座 最 明 亮

怎么找到这个星座？

1. 在开始之前，你要知道巨蟹座很难看清楚，需要发挥一下想象力。
2. 首先找到双子座的位置。从那里往上看。
3. 如果你仔细观察，你会看到 Y 形，运用你的创造力勾勒出钳到大力神赫拉克勒斯的螃蟹吧。

狮子座

它在哪里？

狮子座在巨蟹座和处女座之间，距离某些赤道带星座非常近。

它的别称

狮子座也被叫作天狮座或镰刀座。

我们何时能看到它？

从北半球观测： 从冬天到春天能观测到。

从南半球观测： 从秋天到夏天能观测到，但是季节是和北半球相反的。

传说

这个星座的名字依然与大力神赫拉克勒斯有渊源，典故来源于赫拉克勒斯完成的十二项任务中的第一件。

这个任务是战胜一头威胁百姓安全的嗜血巨狮尼密阿，它的兽皮刀枪不入。赫拉克勒斯试图用弓箭射杀或者用宝剑刺杀它，但都无济于事。最后，赫拉克勒斯把狮子绑在它的洞穴里，然后亲手勒死了它！然后，他扒下狮子的皮，做成了一套盔甲。

天神宙斯为了让人们时刻铭记赫拉克勒斯的勇猛和这场搏斗，用明亮的星星把这头狮子镌刻在天空中。

主星数目： ★★★★★★★★★★★★★★ **14**

为什么人们又把它称作镰刀？

如果你仔细观察，想象中构成狮子的头部和鬃毛的星星连起来的形状像一个问号。在很多古老的民族比如苏美尔人的眼中，这个星座不像狮子，更像镰刀。

如果你是在 7 月 23 日到 8 月 22 日出生的，你的星座就是狮子座。

轩辕十四

3 月 3 日
狮 子 座 最 明 亮

怎么找到这个星座？

1. 首先找出大熊座，注视勺子最左边的那颗星星。
2. 从这颗星向右上方画一条对角线，直到线条和一个非常明亮的星星相汇，那就是轩辕十四。
3. 轩辕十四是镰刀或者说狮子头部的最后一颗星。现在你可以借助想象力把整个星座复原出来了，你听到狮子的咆哮声了吗？

黄道星座

处女座

它在哪里?

处女座是最大的黄道星座，因为它恰好在天赤道上方，所以几乎在世界上任何角落都能看到它。

它的别称

处女座也被叫作室女座。

我们何时能看到它?

从北半球观测：最佳的观测时间是春季。

从南半球观测：整个秋天都是最佳观测期。

主星数目：

传说

德墨忒尔是古希腊神话中守护农业的女神，她有一个女儿，名叫珀耳塞福涅。那是一个非常美丽的少女，是她母亲的快乐源泉。然而，有一天，统治冥界的神灵哈迪斯遇到了她并且无法自拔地爱上了她，于是他跑到地面，捉走了这个可怜的少女，把她带去了昏暗的冥界，在那里和她结婚了。

绝望的德墨忒尔四处寻找女儿，但是毫无踪迹，她的悲伤毁掉了庄稼的收成。哈迪斯意识到德墨忒尔的痛苦给人类带来的损害，于是允许妻子珀耳塞福涅在春天离开冥界去探望母亲，这样一来，见到女儿欢喜不已的德墨忒尔让农田变绿，庄稼又有了好收成。

也许这就是为什么这个星座在春天看起来格外清晰。

为什么称为处女座呢?

希腊人也把珀耳塞福涅称为"Kore",就是"处女"的意思,意指特别年轻的少女。所以关于她的神话传说和这个赤道带星座关联了起来。在罗马,人们把珀耳塞福涅称为"普洛塞庇娜"。

4 月 18 日
处女座最明亮

怎么找到这个星座?

1. 首先,来回忆一下大熊座的定位方式,找到大熊座后,从勺柄向上画一条直线,直到与一颗非常明亮的星星相交。
2. 这颗星星就是大角星,我们通常亲切地称它为"大熊座的守护者"。大角星位于牧夫座之中。你可以查阅前面的天体地图,把它找出来。
3. 如果从大角星继续延长同一条直线,你会遇到另一颗非常明亮的星星——角宿,它位于处女座中心的四边形的右下角。

角宿

如果你是在8月23日到9月22日出生的,你的星座就是处女座。

南半球
南天

南天是从南半球能观测到的星空。南天美轮美奂，然而直到19世纪，所有的天文学研究可以说都是围绕对北天的观测展开的。但南半球的星空同样美丽，甚至可以说更胜一筹，也为我们展现了北半球所看不到的独特景象。

只有在南半球才能看到

南半球也有拱极星座，只是它们的位置处于南天极而不是北天极。南十字座是南半球最著名的拱极星座。除此之外，还有几个更接近天赤道的星座，虽然从北半球能观测到，但是在南半球的观测效果更好。另一方面，距离太阳最近的星星——比邻星也位于南半球，但是只有借助望远镜才能观测到。

如果你生活或身处于图中的阴影区域，你能更好地观测到南半球的星座。

1. 南美洲赤道以南
2. 非洲南部
3. 亚洲和大洋洲赤道以南

赤道

南半球

你一定要多多查阅这张天体图，它会给你提供参考。现在请你找出用蓝色线条标出的星座。

要注意，在南半球的天体图中，月份的排列顺序是逆时针的，与北半球天体图方向相反。

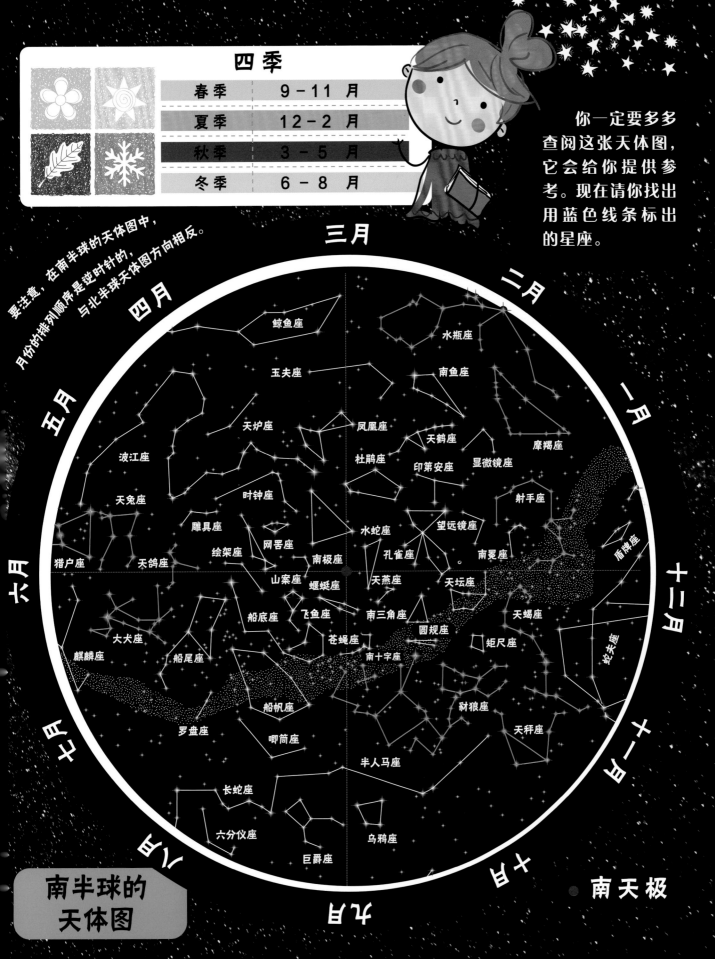

南半球的天体图

南天极

35

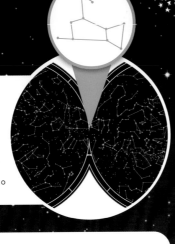

它在哪里？

猎户座是一个赤道带星座，在世界上任何角落都能看到它。

它的别称

猎户座也被叫作猎人座。

我们何时能看到它？

从南半球观测：最佳的观测时间是夏季。

从北半球观测：整个冬天的夜晚都能观测到。

主星数目：

★★★★★★★★★★
★★★★★★★★★★

14

传说

在后面天蝎座的传说中，我们会提到关于猎户座俄里翁最著名的故事，但是这个巨人其实还有很多其他的神话般的冒险经历。

比如，有一次，俄里翁在旅行中来到希俄斯岛，他在那里攻击了公主墨洛珀。公主的父亲自然是勃然大怒，作为惩罚，他弄瞎了俄里翁的眼睛。俄里翁去找火神赫菲斯托斯，希望能治好眼疾，然而，赫菲斯托斯没有这么大的法力，于是他让俄里翁去找太阳神赫利俄斯。为了让他能平安到达，赫菲斯托斯的仆人赛达利翁坐在俄里翁的肩膀上为他做向导。赫利俄斯为俄里翁恢复了视力，后来俄里翁成了一位专业的猎人。

每个夜晚，猎户座一边从天空中凝望着我们，一边狩猎星星。

构成猎户座的腰带的三颗星星也称为"三圣母星"或"三王星"。

一台大戏

按照古人的想象，天空中的猎户俄里翁身处一个绝妙的舞台布景之中：身后跟着两条猎犬（大犬座和小犬座），附近还有天兔座，好像猎人正紧追其后想要狩猎兔子。

猎户座的腰带

12月15日
猎户座最明亮

怎么找到这个星座？

1. 首先请你回顾一下金牛座的定位方式。找到金牛座，它距离猎户座非常近，也就是一个猎人面对着一头牛。
2. 从金牛座的上方开始，你能看到猎人抬起的胳膊。
3. 沿着胳膊，逐渐找到猎人的身躯、著名的"猎人的腰带"、大腿和举着盾牌的另一条胳膊。

37

南十字座

它在哪里？

南十字座位于南天球，距离南天极很近。

它的别称

南十字座也被叫作十字架座或南十字架座。

主星数目：

★ ★ ★ ★ **4**

我们何时能看到它？

从南半球观测：它是拱极星座，全年都可见，在南半球的绝大多数地方都能看到。

从北半球观测：基本不可见。只有在赤道北部能看到。

传说

许多许多年前，一队猎人在追捕一只巨大的鸵鸟。这天下午，阳光透过雨后的云彩照射下来，太阳慢慢西下。猎人们逐渐包围了鸵鸟，但是它突出重围向南方跑去，天空的南方挂着一道美丽的彩虹。

科尔科隆克是其中最骁勇的一位猎人，他靠近鸵鸟，鸵鸟自知被围困，一只脚踩在彩虹上，攀登上这条七彩之路，永远地逃脱了。

没有人相信鸵鸟能从彩虹上逃走，然而当夜幕降临的时候，天空告诉了他们答案，因为他们看到星空中有几颗新的星星在闪烁。

传说中，一个由四颗星星组成的鸵鸟的脚印永远留在了星空中。

天空中的指南针

　　这个星座很容易找到，因为银河从星座中穿过，漫漫历史长河中，旅人们一直依靠这个星座确定南方的方向。此外，它还代表着南半球，所以澳大利亚、新西兰、巴布亚新几内亚和萨摩亚的国旗上都有南十字座的图案。我们在巴西的国旗中央也能隐约看到它。

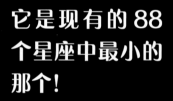

它是现有的88个星座中最小的那个！

3 月 30 日
南十字座最明亮

怎么找到这个星座？

1. 在南半球找一个远离城市灯火的开阔地带。抬头向天空望去，一直往南。很快你就会找到一组形似风筝的四颗星星。
2. 假如你把四颗星星两两组合，就会构成十字架的形状，如果你把十字架的立杆在想象中向大地的方向延伸，你就会知道哪个方向是南方，其他三个方向也一目了然，你永远不会迷路！
3. 这一点非常重要！不要把南十字座和另一个南天假十字座混淆了，后者的位置要低一些。

39

大犬座

它在哪里？

大犬座距离天赤道非常近，在猎户座下方。

它的名字

大犬座的拉丁语名字是Canis Maior，意思是"巨大的猎狗"。

我们何时能看到它？

从南半球观测： 在秋天和夏天能看到它。

从北半球观测： 在冬天和春天能看到它。

主星数目：

14

传说

你已经知道猎户座了，有两只猎犬忠诚地伴随在猎人左右，它们就是大犬座和小犬座。接下来我们要提到另一个和猎犬的形象有关的阿努比斯神的传说。

阿努比斯是古埃及神话中长着胡狼头的死神，他负责为死者涂防腐香油。然后，他把死者带去接受冥王奥西里斯的审判，把死者的心脏放到天平上称重。天平的一个盘子放上心脏，另一个盘子放上真理的羽毛。审判结果将会决定死者是应该随奥西里斯去往冥界，还是应该被长着鳄鱼脑袋、河马和狮子身躯的怪兽吞掉。

也许阿努比斯永远留在天上了，因为每当大犬座最亮的那颗星天狼星清晨升起时，正是埃及的心脏——尼罗河泛滥的时候。

夜空中最亮的星：天狼星

大犬座的诸多星星中，有一颗特别亮：天狼星。它位于大犬的胸膛上，是整个苍穹中除太阳外最明亮的一颗星星，它的亮度超越了火星。天狼星的意思是"炽烈"，因为它的光芒就像巨大的火焰。

大犬座包含147颗星星！

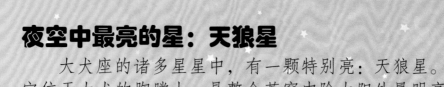

天狼星

1月3日
大犬座最明亮

怎么找到这个星座?

1. 首先复习一下赤道带星座猎户座。找到猎户座之后，再找到猎户座著名的腰带。
2. 从猎户座腰带三星向西南延伸，会遇到一颗非常明亮的星星，那就是天狼星。
3. 天狼星是大犬的胸膛，然后你可以根据它勾画出整个星座：头部、身躯和四肢。它真美，只是不能吠叫而已！

半人马座

它在哪里?
半人马座在银河以北,环绕着南十字座。

它的名字
半人马座的拉丁语名字是 Centaurus,即叫"肯陶洛斯"的半人半马族。

我们何时能看到它?
从南半球观测:全年都能看到它。
从北半球观测:在5月和6月能看到它。

传说

在古希腊神话传说中,有一群叫肯陶洛斯的半人半马族。他们上半身是人形,而下半身却是马的身躯。他们住在深山密林中,生性野蛮粗鲁,天生好酒好色。他们善于奔跑,骁勇善战。最让人们难以忍受的是,这些半人马们总爱惹是生非,不能与邻居们和睦相处。

但也有少数,比如"喀戎",是有知识和有教养的。他是好几个英雄的导师,包括伊阿宋、赫拉克勒斯、俄耳甫斯、阿基里斯等。

主星数目:

★★★★★★★★★★
★★★★★★★★★★
★★★★
★★★

24

半人马座有大约300颗星星，是最美丽的星座之一。

太阳的朋友

半人马座中有一颗比邻星，它是距离太阳最近的恒星。它距离太阳很近，然而又不近。它和太阳之间有一段 4.22 光年的旅程，但对它们来说，这点距离不算什么。

4 月 7 日
半人马座最明亮

怎么找到这个星座？

1. 首先回忆一下南十字座的定位方法。
2. 要记住半人马座的后腿环绕着南十字座。
3. 然后就可以凭着想象画出整个半人马座的身躯和臂膀。古代人甚至在想象中为半人马座配上了一柄长矛。

天鸽座

它在哪里?

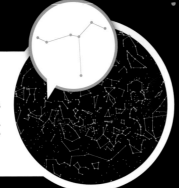

天鸽座是一个小小的星座,位于大犬座旁边。

我们何时能看到它?

从南半球观测: 全年都能看到它。
从北半球观测: 在冬天能看到它。

它的名字

天鸽座的拉丁语名字是 Columba,就是鸽子的意思。

主星数目:

★ ★ ★ ★ ★ ★ ★ 7

传说

这个星座是在 16 世纪被发现的,所以没有与之关联的神话传说,不过我们要给你讲一个故事。

诺亚在大洪水过后,放走了方舟上的一只鸽子。这只鸽子衔着一根橄榄枝飞了回来,说明它找到了干燥的陆地,从此鸽子就成了信使,象征着希望和喜悦。飞回来宣告洪水退却的鸽子好像在说:"上帝已经原谅人类了。"这个寓意使得衔着橄榄枝的白鸽变成了世界和平的象征。

为我们带来和平的这只鸽子就在我们头顶上方的苍穹中闪耀着。

发现最晚的星座之一

几乎所有的星座都是在很久很久以前被古人观测出来的，但是天鸽座不是，它是在1592年被荷兰天文学家皮特鲁斯·普兰修斯发现并命名的。

我们星空中的信鸽!

12月19日
天 鸽 座 最 明 亮

怎么找到这个星座?

1. 翻回本书前面的部分，首先找出定位大犬座的方法。
2. 向大犬座所在的南方看去，大犬的一只爪子距离天鸽座伸出的一只翅膀很近。
3. 依靠想象勾画出整个星座：伸向两侧的两只翅膀、脖子和头部。它在天空中展翅飞翔的样子真美!

豺狼座

它在哪里？

豺狼座几乎紧挨着半人马座，在天蝎座的旁边。

它的名字

豺狼座的拉丁语名字是 Lupus，就是狼的意思。

我们何时能看到它？

从南半球观测：全年都能看到。

从北半球观测：只有初夏能看到星座的一部分。

主星数目：★★★★★★★★★★ ‖

传说

菜卡翁是阿卡迪亚的国王。据传说，他有50个子女。他在山顶建造了一座祭坛进行人祭。到阿卡迪亚来的外国人，都被国王下令杀掉，甚至被做成菜肴端上宴席。

得知此事的天神宙斯冒充朝圣者来到了阿卡迪亚。菜卡翁怀疑他是一位天神，所以放过宙斯转而杀了另一个人。菜卡翁邀请宙斯共进晚餐，吃那个人的肉。宙斯自然是勃然大怒，为了惩罚他，宙斯把菜卡翁变成了一头狼。

说不定这头由星星构成的狼，就是人类知晓的第一个狼人。

有一种动物也叫莱卡翁

　　非洲野犬（Lycaon pictus）是一种类似鬣狗的非洲野生动物，它的名字和那个残忍的阿卡迪亚国王莱卡翁相同。但是它叫这个名字不是因为它十恶不赦，而是因为这个名字的含义是"有斑点的狼"，所以它是因为皮肤上的斑点而得名的。

还有的神话把这只狼和半人马联系起来，说半人马的长矛上挑着这只狼。

5月11日
豺狼座最明亮

怎么找到这个星座？

1. 首先，找出定位半人马座的方法，画出半人马座形象的手臂。
2. 沿着手臂向南望去，你会看到在紧挨着半人马座的地方，是豺狼座的开端。
3. 运用想象把星星连接起来，描绘出整个星座。

天兔座

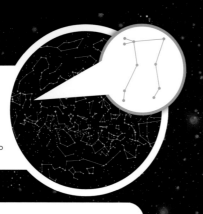

它在哪里？
天兔座位于赤道带星座猎户座的南方。

我们何时能看到它？
从南半球和北半球观测： 由于紧邻天赤道，从 11 月到次年 4 月，在地球上除北半球的高纬度之外的任何位置都能看到它。

它的名字
天兔座的拉丁语名字是 Lepus，就是兔子的意思。

主星数目：★★★★☆☆☆☆☆☆☆☆☆☆☆ 一〇

传说

传说中，众神的信使——穿着有飞翅的凉鞋的赫尔墨斯希望天空中有什么能反映出他最突出的优点：速度。拥有神速的他，可以从一个地方飞快地穿梭到另一个地方，完成众神的指令。

兔子是最迅速敏捷的动物之一，比任何其他动物都更能代表赫尔墨斯的形象，所以赫尔墨斯把兔子送上了天空。他没有把兔子随便放在一个地方，而是和猎户俄里翁放在了一起，对猎户来说兔子是他最中意的猎物。就这样，每个夜晚兔子都蹦蹦跳跳地穿过天空，四处躲避着猎人和他的两只忠诚的猎犬——大犬座和小犬座。

我们相信猎人不会捉到它，这只小兔子会继续在昏暗的夜空中闪耀。

参考点

运用想象

　　埃及人从没看出这个星座的形状像兔子，他们认为那是冥王奥西里斯的小船。每年，埃及人都会把冥王的雕塑放在小船上，沿着尼罗河驶向他的坟墓。

天穹的变化给人一种兔子在移动的印象。

12月15日
天兔座最明亮

怎么找到这个星座?

1. 首先回忆一下如何定位猎户座，那是距离天兔座最近的星座。
2. 天兔座的起点位于猎户座的脚部稍稍偏南一点的位置。在猎户座的一只脚的位置，能看到天兔的两只小耳朵。
3. 你也可以从大犬座的上方或者天鸽座以北定位这个星座。

水瓶座

它在哪里？

水瓶座是位于摩羯座和双鱼座之间的黄道星座。试着从南半球天体图上把它们找出来。

它的别称

水瓶座也被叫作宝瓶座。

我们何时能看到它？

从南半球观测：全年都能看到。

从北半球观测：整个秋天都能看到，尤其是 9 月和 10 月。

传 说

在希腊神话中，盖尼米得是世界上最英俊的男子。

因为他俊美绝伦，天神宙斯非常喜欢他。就像往常一样，宙斯施了一个小把戏来接近盖尼米得：他变成了一只鹰，把在艾达山替父母放羊的盖尼米得掠走。宙斯把盖尼米得带到了诸神居住的奥林匹斯山，赐予他永生的恩典并交给他一项工作：做诸神的侍酒人，也就是用双耳瓶为诸神倒酒。

为了纪念他，宙斯把盖尼米得的形象以星星的形式放到了水瓶座中，呈现出年轻的盖尼米得使用双耳瓶向外倒水的情景。

主星数目：

19

传说水瓶座也是一位巴比伦的神灵

巴比伦人相信水瓶座中能看到天神依亚(Ea)，他能让大地涌出泉水灌溉农田。人们猜想依亚居住在地下的水世界中，水源就是从那里涌出地面的。

如果你是在1月20日到2月18日出生的，你的星座就是水瓶座。

参考点

8月30日
水 瓶 座 最 明 亮

怎么找到这个星座?

1. 首先找出摩羯座（在本书后面的部分）。
2. 仔细看摩羯座三角形最北面的角，沿着角向上方望去，直到看到水瓶座的一颗星星，它差不多位于挑水夫轮廓一半的位置（借助参考点）。
3. 根据这颗星星，你就能勾画出整个星座，不过这个星座不是那么容易看清楚。

天秤座

它在哪里？

天秤座位于豺狼座和天蝎座下方。

它的别称

天秤座也被叫作天平座。

我们何时能看到它？

从南半球观测：全年在任何地点都能看到。

从北半球观测：夏天能够观测到。

传 说

据说，在古代，人们发现在二分点（也就是昼夜等长之时）时太阳会经过天秤座。人们把昼夜等分与天平的平衡联系起来，进而联想到正义女神阿斯翠亚。相传，这位女神和人类生活在一起，人类尊重她，总是接纳她的意见，而她总是追求和平与和谐。然而，有一天人类开始争斗，不再听从可怜的阿斯翠亚的意见。意识到人类中已经不存在正义，阿斯翠亚决定离开。

她升上天空，你现在依然能看到她的正义天平在暗夜中闪烁。

主星数目：★★★★★★★ ★

呈现物品的形象！

尽管大部分星座呈现的都是人物或者动物的形象，但是天秤座显示的形象是一种物品：一个天平的符号，宇宙间好与坏的平衡，这恰恰是正义的概念。

参考点

如果你是在 9 月 23 日到 10 月 23 日出生的，你的星座就是天秤座。

5 月 11 日
天秤座最明亮

怎么找到这个星座？

1. 首先复习一下如何找到豺狼座。
2. 把目光停留在豺狼座下方，你会看到天秤座的一个托盘。以这里为起点画出整个星座。
3. 如果你找到了天蝎座，你会发现天秤座恰好在天蝎座的下方。

53

黄道星座 天蝎座

它在哪里？

天蝎座穿过银河赤道，位于射手座和天秤座之间。

它的别称

天蝎座也被叫作蝎子座。

我们何时能看到它？

从南半球观测：在南半球的秋季、冬季和春季能看到。

从北半球观测：位于北半球的地平线上，所以只有 4 月至 9 月能看到它的一部分。

主星数目：

★★★★
★★★★
★★★★★

13

传说

俄里翁是海神波塞冬的儿子。他是一个巨人，当他在大海中行走时，头能探出海面；此外他还是一个伟大的猎人。他有一个缺点就是狂妄。他甚至狂妄到有一天去挑战狩猎女神阿尔忒弥斯，骄傲地对她宣称："我是世界上最伟大的猎人，没有什么动物是我的对手。"

阿尔忒弥斯无法忍受俄里翁的傲慢无礼，给他送去了一只蝎子。这种动物虽然小巧却含有剧毒，俄里翁被它蜇了一下就断送了性命。

宙斯怜悯俄里翁，于是把他送到天空中，成为猎户座；但是阿尔忒弥斯把蝎子也送上了天空，成了天蝎座。

和天秤座连在一起

在古代，天秤座被认为是天蝎座的一部分，所以人们认为他们看到的是螯足而不是天平。是罗马人把两个星座拆分成它们现在的模样。

6 月 7 日
天 蝎 座 最 明 亮

怎么找到这个星座？

1. 首先复习一下射手座和天秤座的定位方式。
2. 天蝎座恰好位于这两个星座之间。要注意，蝎子的尾巴靠近射手座，而它的螯足靠近天秤座。
3. 天蝎座大概是形象最容易想象的一个星座，因为它的形状和蝎子非常相似。

如果你是在 10 月 24 日到 11 月 22 日出生的，你的星座就是天蝎座。

射手座

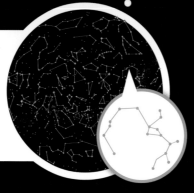

它在哪里？

射手座位于天赤道下方，离摩羯座非常近。

它的别称

因为这个星座的形象，它也被叫作弓箭手。

我们何时能看到它？

从南半球观测：全年都能看到。

从北半球观测：在夏天和秋天能看到。

主星数目：★★★★★★★★★★★★★★★★★ 17

传说

半人马族拥有人的上半身和马的躯体与四肢，他们性情暴烈，但是半人马喀戎却善良而智慧，他居住在一个山洞里，专心研究医学和艺术。

有一天，杀完七头蛇的英雄赫拉克勒斯来到喀戎的山洞，但是他不慎用沾着七头蛇毒血的长矛刺伤了喀戎。于是，可怜的喀戎从此要永远遭受伤口带来的疼痛。赫拉克勒斯心中有愧，于是恳求宙斯帮助喀戎免受痛苦。

宙斯把喀戎变成了天上的射手座，从此他不再痛苦，他的智慧之光照耀着我们。

你在天空中看到了什么形状?

有的人认为射手座的形状不是一个弓箭手，而是像一个茶壶！在我们发挥想象力用线条把星星串联起来的时候，天空会被我们画满具有奇思妙想的图案。

如果你是在11月23日到12月21日出生的，你的星座就是射手座。

斗宿四

7月14日
射手座最明亮

怎么找到这个星座?

1. 首先找出黄道星座摩羯座的三角形（接下来我们会讲到这个星座）。

2. 在三角形最短边的下方，你会看到射手座最明亮的那颗星：斗宿四，它是弓箭手手臂的一部分。

3. 你可以借助斗宿四画出整个星座：向右向下画出弓箭；向左画出半人马的身躯。

黄道星座

摩羯座

它在哪里？

摩羯座位于射手座和水瓶座之间。

它的名字

摩羯座的拉丁文名字是 Capricornus，公羊的意思，因此也被叫作公羊座。

我们何时能看到它？

从南半球观测： 全年都能看到。

从北半球观测： 在 6 月至 11 月能看到。

传说

公羊的形象自古以来就和潘神息息相关，潘神是一只半人半羊的生物。他长着两只毛茸茸的强壮的蹄子，却有人的躯干。他没有美少年的面孔，一张脸皱巴巴的，看起来很粗野，额头上生着两只美丽的弯角。

潘神生活在森林中靠近河流的洞穴里，他守护着那里的牧羊人。此外，他很喜欢节日，只有一件事会真正惹怒他，那就是在午睡时把他吵醒，在那种时候他会变得很可怕，要知道"害怕"（panic）这个词就是从潘神（Pan）衍生来的。

所以你们要注意了，仔细观察星空，假如你感觉潘神可能在睡觉，那就悄悄地观察他，踮起脚走路。

主星数目：

16

星座日历

摩羯座总是和太阳距离赤道最远的时刻密切相关，在古代，摩羯座在北半球代表着冬天的开始；在南半球则代表夏天的开始。

如果你是在12月22日到1月19日出生的，你的星座就是摩羯座。

8 月 7 日
摩 羯 座 最 明 亮

怎么找到这个星座?

1. 首先你要找出水瓶座和射手座。
2. 把视线停留在这两个星座之间，你会看到有一组星星构成了一个巨大的三角形。
3. 我知道凭这样一个三角形想象公羊的形象不容易，但是你一定能做到的。

目录